人工智能启蒙

第五册

林达华　　顾建军　　主编

商务印书馆
The Commercial Press

U0303547

编　委　会

主编：林达华　顾建军

编委（按姓氏汉语拼音排序）：

柏宏权　费爱萍　姜　玲　冷子昂

李　诚　刘啸宇　陆骏杰　王升帆

张正明　赵　凯

目 录

—— 第一节 ——

语音识别概览

1. 了解语音识别的意义及其发展历程；

2. 通过语音识别程序的体验，了解其主要应用分类。

芝麻开门！

《阿里巴巴与四十大盗》里有一句著名的咒语，你知道是什么吗？

对，只要在石门前大声说出这句话，石门会自动打开。在科学技术高速发展的今天，人们也能实现这样的魔法！

芝麻开门！

嗯，我知道，可以使用口令来唤醒智能音箱。

议一议

请同学们讨论：你还在哪些文学作品中看到过相似的"语音识别"案例。

1.1　再识语音识别

　　视觉与听觉是人类获取外部信息的主要途径，科学家通过大量实验证实，基于视觉与听觉获取的信息大约占人类获取信息总量的94%。对于计算机而言，图像识别为计算机带来了"视觉"，语音识别为计算机带来了"听觉"。如图1-1所示，形象展示了计算机"听"的场景。

▶　图1-1　计算机进行语音识别

　　语音识别就是机器将语音信号转变为相应的文本或命令，使计算机能够自动识别和理解人类的语言，让它们拥有"听见"的能力，如图1-2所示。

▲ 图 1－2 将"语音"识别为"文字"

小贴士——语音识别发展历程

当前，语音识别已经进入日常生活中，而现代语音识别已经经历了近 70 年的研究发展，最早可以追溯到 1952 年，语音识别的研究历程如图 1－3 所示。

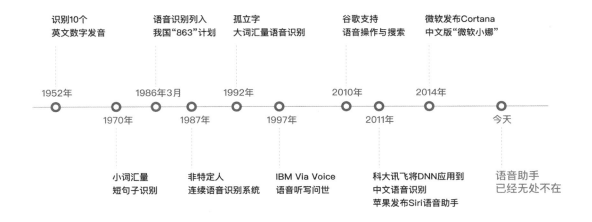

识别10个英文数字发音

语音识别列入我国"863"计划

孤立字大词汇量语音识别

谷歌支持语音操作与搜索

微软发布Cortana中文版"微软小娜"

1952年　　1986年3月　　1992年　　2010年　　2014年

1970年　　1987年　　1997年　　2011年　　今天

小词汇量短句子识别

非特定人连续语音识别系统

IBM Via Voice语音听写问世

科大讯飞将DNN应用到中文语音识别苹果发布Siri语音助手

语音助手已经无处不在

1952 年，Davis 等人研制了世界上第一个能识别 10 个英文数字发音的实验系统，从此正式开启了语音识别的研究进程；

▲ 图 1－3 语音识别研究历程

1970 年开始，科学家们在小词汇量到短句子识别方面陆续取得了实质性的进展；

1986 年 3 月，中国"国家高技术研究发展计划"（简称"863"计划）启动，语音识别作为智能计算机系统研究的一个重要组成部分被专门列为研究课题；

1987 年，人工智能领域的科学家李开复开发出了世界上第一个"非特定人连续语音识别系统"，大大提升了语音识别准确率；

1992 年，清华大学电子工程系与中国电子器件公司合作研制 THED－919 特定人语音识别与理解实时系统，在孤立字大词汇量（即在很大词汇量中识别一个字）语音识别方面取得重要成果；

1997 年，IBM ViaVoice 语音听写系统问世；

2010 年，谷歌支持语音操作与搜索；

2011 年，微软将 DNN 应用在语音识别领域取得巨大成功；同年，科大讯飞将 DNN 应用到中文语音识别领域；2011 年 10 月苹果发布 Siri 语音助手；

2014 年，微软发布 Cortana 中文版"微软小娜"；

今天，语音识别系统将人机交互带入全新的篇章，语音识别技术进入工业、家电、通信、车载导航、医疗等领域。

1.2 语音识别应用分类

根据识别内容的范围，语音识别被分为"封闭域识别"和"开放域识别"。

所谓的封闭域识别通常要预先设定好需要识别的语音指令，机器只能识别这些特定的语音指令，对其他的语音不会识别。比如，生活中的一些智能家居所识别的语音指令一般都是提前设置好的，如"开灯""关灯""打开窗帘""关闭窗帘"等语音指令，如图1-4所示。

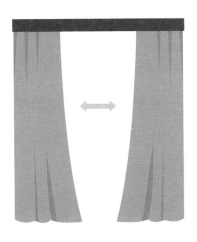

◄ 图1-4 封闭域语音识别示例

想一想

请同学们想一想：日常生活中还见过哪些利用语音进行智能控制的例子。

开放域识别不需要预先指定识别词的范围，机器将在整个语音范围中进行识别。比如常用的语音文字输入、语音转写等，如图1-5所示。

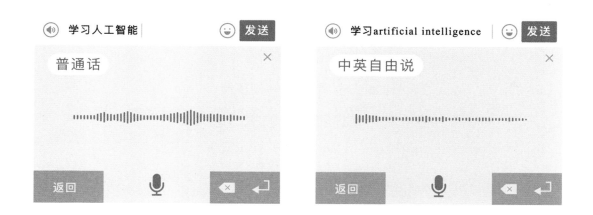

▲ 图1-5 开放域语音识别示例图

试一试

登录实验平台，编写程序，完成如下任务：

1. 录制5秒的语音，调用"语音识别"模块，体验语音识别功能；

2. 录制10秒的语音，完成语音识别，体验一下更长的语音是否能够被准确识别。

议一议

请同学们讨论：日常生活中还有哪些场景可以应用语音识别技术来提升生活质量。

评一评

　　我知道了计算机的语音识别能够将语音转化为文字。☆☆☆☆☆

　　我了解了语音识别的发展历程以及语音识别的应用分类。☆☆☆☆☆

　　我知道了语音识别可以应用在语音指令控制、语音输入等方面。☆☆☆☆☆

声波的数字化

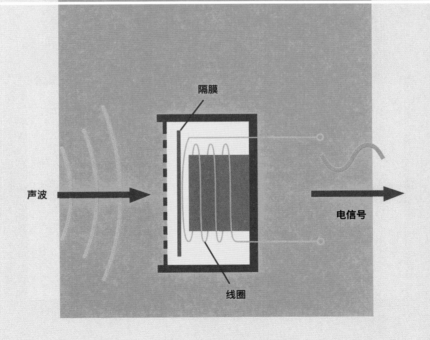

隔膜

声波

电信号

线圈

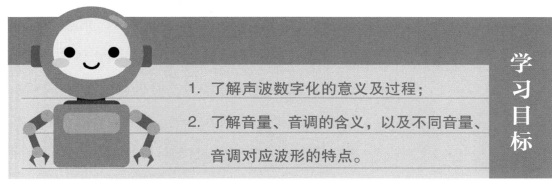

学习目标

1. 了解声波数字化的意义及过程；

2. 了解音量、音调的含义，以及不同音量、音调对应波形的特点。

你知道声音是如何被计算机"听见"的吗？

声音是通过与计算机相连接的麦克风采集到的。

实际上并没有你描述的那么简单，中间还需要经历一个复杂的处理过程。

那快给我们介绍一下吧！

议一议

请同学们讨论：声音在空气中是如何传播的。

2.1　声波的产生与采集

声音是通过物体振动产生的，发声体产生的振动在空气或其他介质中传播时形成的波叫作声波。人类在发声时，先吸入空气，然后将声带内收、拉紧，并暂时屏住呼吸；自肺部呼出的气流冲击声带使之振动，声带的振动会引起喉腔中的空气一起振动，这时就发出了声音，如图 2 - 1 所示。

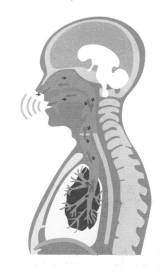

► 图 2 - 1　人体发声示意图

做一做

请同学们尝试：说话时把手放在咽喉部，能感觉到什么。

声音在空气中传播的方式与水波类似，如图

2-2所示。发声体引起空气分子有节奏的振动，使周围的空气产生疏密变化并向外扩散，这时就产生了声波。

如何能够采集声音，并将声音存储下来呢？借助于麦克风，就可以实现声音的采集。当声音传入麦克风时，麦克风能够捕捉到这种波动，并将这种声音的波动转化成连续的电压值，此时流经麦克风内部的电流会发生变化，这样声波就转变成了电信号，如图 2-3 所示。

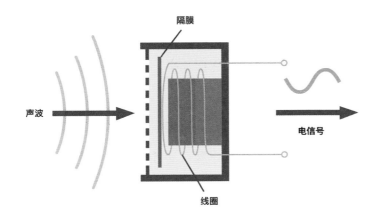

隔膜

声波

电信号

线圈

2.2　声波的数字化

　　计算机由大规模集成电路构成，对于电路而言，只有"断开"和"闭合"两种状态，分别用"0"和"1"代表。因此在计算机中存储与使用的所有信息都采用二进制0和1来表示，语音数据也不例外。将数据信息转化为二进制0和1的过程常常称为数字化表达。

　　声音通过麦克风转化为电信号后，需要进一步转化为数字信号，才能在计算机中进行声音信号处理，这一过程称为声波的数字化。数字化意味着将连续的电信号值转换成一系列离散的数字信号值，声波的数字化过程分为三步：采样、量化、编码，声音转化为电信号，再经过数字化过程，就转变成了计算机能够直接处理的数字信号。

小贴士——声音的数字化过程

　　声音信号的数字化过程，就是将声音的模拟信号转换为数字信号的过程，包括采样、量化和编码。

　　1. 采样

　　间隔一定时间进行数据采集，可以称为采样。声音是一种连续变化的模拟信号，为了处理声音信号，通常间隔一定的时间，进行一次声波信号的采集。

显然，单位时间内采集的次数越多，采集的信号就越接近真实的声音信号，如图2-4所示，其中，相邻采样点之间的间隔称为采样周期；采样频率是采样周期的倒数，具体是指单位时间内（每秒）采集样点的个数。

▼ 图2-4 声音采样示意图

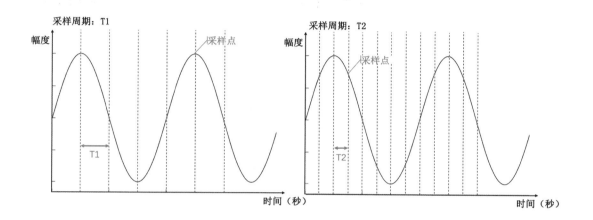

2. 量化

经过采样，采样点的值依旧是模拟信号本身的值。因此不同采样点对应的数值可能各不相同，这样就会有很多不同的数值。利用这样的一系列数值进行处理同样很困难。为了把无限多个值变成有限个值，这时就要采用量化技术，具体过程如图2-5所示，具体来说有些像"四舍五入"。

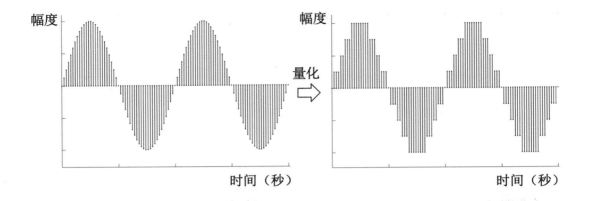

▲ 图 2-5 声音量化示
意图

3. 编码

编码是按照一定规则，把经过量化后的样本数值采用二进制表示。每个样本所占二进制位数称为精度，精度越大语音的质量越好，如图 2-6 所示。

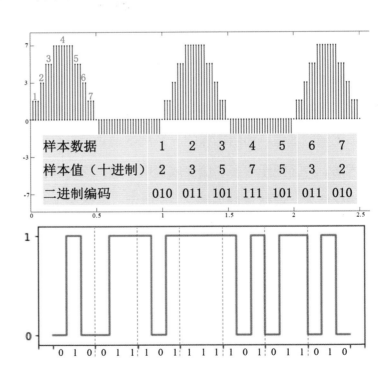

样本数据	1	2	3	4	5	6	7
样本值（十进制）	2	3	5	7	5	3	2
二进制编码	010	011	101	111	101	011	010

► 图 2-6 声音数字化
编码过程示意图

登录实验平台，录入一段语音，编写程序输出语音对应的波形，并观察波形。

2.3　声波的特征

通过对波形的观察可以发现，不同的发音对应的波形不一样。实际上，即使不同的人发出相同的声音，比如说同一句话，对应的波形也不一样。波形反映了声音的很多特性，比如音量和音调。

音量又称音强、响度，是指人耳对所听到的声音大小强弱的主观感受，其客观评价尺度是声音的振幅大小。

音调是听觉分辨的声音高低程度，是个主观量。纯音音调的高低主要由声音的频率来决定，频率越高，人主观感觉的音调也越高。但音调也不是单纯由频率决定的，它还和声音的强度有关。学习音乐时，常常提到的"女高音"和"男低音"对应的就是音调的高低。

登录实验平台，完成如下任务：

（1）保持相同的语速，分别采用不同的音量录入同样内容的语音，观察输出波形的变化；

（2）通常来说女生比男生的音调高，保持相同的语速，分别采集男生和女生录入同样内容的语音，观察输出波形的变化；

（3）尝试录入两个不同的单音节声音，如 bo 和 dα，对比波形区别。

议一议

请同学们结合编程实践讨论：音量高低与音调高低对应的波形分别有什么特点。

小贴士——音量与音调

音量高低通常就是说话声音的大小，声音越大，音量越响。常常形容声音的"软绵无力"和"洪亮有力"体现的就是声音的响度差异。这种差异反映在声音波形上就是声波振幅的区别，如图 2-7 上图所示，声音的响度越高，声波的振幅越大。

音调与音量是不同的，通常来说女生比男生的音调高，人在生气抓狂时的尖叫通常就比正常发声时声音的音调要高。反映在声音波形上就是声波的振动频率不同。声音的频率是每秒钟声波振动的次数，如图2-7下图所示，频率越高，音调也就越高，反之则越低。

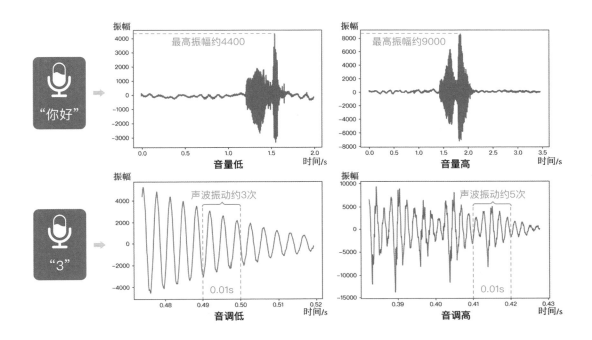

▲ 图2-7 不同的音量与音调

单音节的语音识别

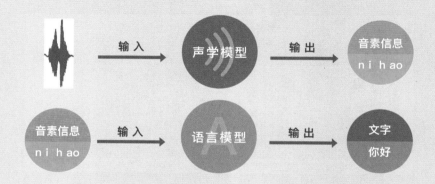

通过声波的数字化，声音在计算机中被记录下来了。

可是计算机能知道它对应什么文字吗？

那就轮到语音识别技术登场啦。

3.1 语音识别的原理

语音在经过数字化表达之后，转变成了计算机可以处理的信息，这为语音的识别提供了基础。如图 3-1 左图所示，展示了一段语音的声音波形，通过分析发现，这段波形的首尾各有一段几乎没有波动的波形。没有波动的波形代表这一段是没有声音的，也就是静音部分。在进行语音识别之前，通常会先将语音首尾的静音部分切除，如图 3 - 1 所示。

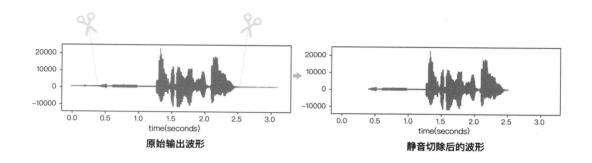

原始输出波形　　　　　　静音切除后的波形

▲　图 3 - 1　静音切除示意图

对于任意一门语言而言，语言的发音由音素构成。音素是根据语音的自然属性划分出来的最小语音单位，依据音节里的发音动作来分析，一个动作构成一个音素。对于汉语而言，汉语拼音就是由音素构成的，比如拼音"ao"对应的音素是"a"和"o"。对声音进行分析，就是找出组成声音的音素。

对于任意一句语音，识别的难点在于不同语音长短是不确定的，通过分帧的方式可以将长语音转化为语音片段，长语音识别就变为了对语音片段中的每一个音素进行识别。

确定一个语音片段对应哪个音素是一个分类问题。声学模型就可以完成这个分类问题，将一整段语音输入到声学模型中，它会输出这段语音中包含的音素信息，如图 3 – 2 所示。

就这样，找到了一段语音中包含的音素，下一步就可以将音素组成单词，完成单音节语音的识别过程。如何从音素得到单词呢？实际上是通过"语言模型"实现的，如图 3 – 3 所示。

▲ 图 3 – 2 确定语音中的音素

▲ 图 3 – 3 由音素确定词语

议一议

在图像识别中，为了提高识别的准确性，机器需要依赖大量数据来学习。请同学们讨论：你认为在语音识别中，哪些部分需要依赖大量数据进行机器学习。

实际上声学模型是通过诸多语音数据的训练得

到的；而语言模型是根据大量音素与单词对应的文本数据训练得到的。

登录实验平台，录入"伙"这个字的发音，调用语音识别功能，观察程序是否能识别出想要的结果。

3.2　单音节语音识别

单个语音的识别是语音识别的基础，在刚刚的实践中，通过操作录入"huǒ"音节，试图让语音接口能准确识别出"伙"，但是实验结果却让人意外，如图 3 - 4 所示。

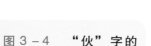
▶　图 3 - 4　"伙"字的语音识别

请同学们讨论：为什么会出现识别结果与设想不一致的情况。

在中文系统中，存在着相同音节对应不同汉字的情况，对于单个字的识别，系统通常会给出日常使用中出现频率最高的汉字，比如对于"伙"的语音，机器通常识别为"火"。因此对于读音相近的字，识别效果就会不准确。

试一试

登录实验平台，编写程序，统计"我""卧""握"三个发音相近的单音节汉字的语音识别准确率，看一看哪个字的识别准确率较高。

议一议

请同学们讨论：为什么读音相近的单音节识别，识别准确率会不一样。对于单音节的识别你有没有好的改进办法。

评 一 评

我了解了语音识别的基本原理。☆☆☆☆☆

我知道了单个音节的语音识别准确率不高。☆☆☆☆☆

── 第四节 ──

上下文的重要性

语音识别　ji'shu↵

ıj　1.技术　2.计数　3.奇数　4.级数　5.基数

1. 了解上下文在语音识别中的重要作用；

2. 知道基于上下文能够提升识别准确率。

wén míng

文明　　闻名

咱们玩个看拼音写词语的游戏吧，wén míng!

"文明"或者"闻名"。

我再加个限定条件，wén míng世界。

文明世界，闻名世界，都可以。

那继续增加条件，北京长城wén míng世界。

确定了，是闻名。

议一议

请同学们讨论：刚才的游戏对于语音识别有什么启示。

4.1　上下文的作用

汉语中存在许多同音不同字，或者同音不同词的现象。常遇到这样的场景，如果不联系具体的语义，仅凭发音有时很难判断对方到底要说什么。例如，听到"jī ròu"的发音，很难判断究竟是"肌肉"还是"鸡肉"；但如果你听到"鸡肉，肉质细嫩，滋味鲜美"，那么可以判断听到的是"鸡肉"而不是"肌肉"，如图4-1所示。

▶　图4-1　同音不同字现象

在使用拼音输入法输入汉字时，同一个音节下往往有多个汉字或词语可供选择，这时就需要根据具体的语义进行选取，如图4-2所示。

语音识别 ji'shu ↵

| 1.技术   2.计数   3.奇数   4.级数   5.基数 |

◀ 图 4 - 2   拼音输入法中的同音词

试一试

登录实验平台，编写程序，调用"语音识别"功能，分别识别"我""卧""握"三个汉字及"我们""卧倒""把握"三个词语，并对比两组识别的准确率。

议一议

请同学们讨论：汉字输入时，怎样做才能减少同音节字词选择的情况呢。

4.2　上下文对语音识别的影响

一个优秀的语音识别系统需要根据语义进行分析，对识别的内容进行调整，让输出结果更加准确。利用记忆性方法实现此目标，是人工智能中非常重要的课题，这种能够结合上下文的能力主要来自以循环神经网络为基础的语音识别模型，如图 4 - 3 所示。

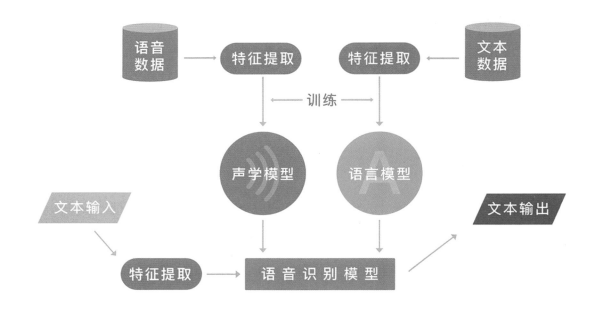

▲ 图4-3 语音识别流程

循环神经网络（Recurrent Neural Network，RNN）能够通过对语音数据、文本数据的学习与训练得到一个模型。使用这个模型，就可以对输入的语音进行识别，输出对应的文本。对于有上下文关系的语音，由于语义信息更加丰富，使用语音识别接口识别的准确率会更高。

试一试

登录实验平台，编写程序，调用"语音识别"模块，识别完整语句并统计准确率。

请同学们讨论：从单音节到词语，从词语到完整语句，语音识别的准确率变化趋势如何。为什么。

评 一 评

　　我知道了上下文在语音识别中的重要作用。☆☆☆☆☆

　　我知道了考虑文本中的上下文，能够提升语音识别的准确率。☆☆☆☆☆

—— 第五节 ——

古诗背诵辅助系统

山中与幽人对酌

李白

两人对酌山花开，
一杯一杯复一杯。
我醉欲眠卿且去，
明朝有意抱琴来。

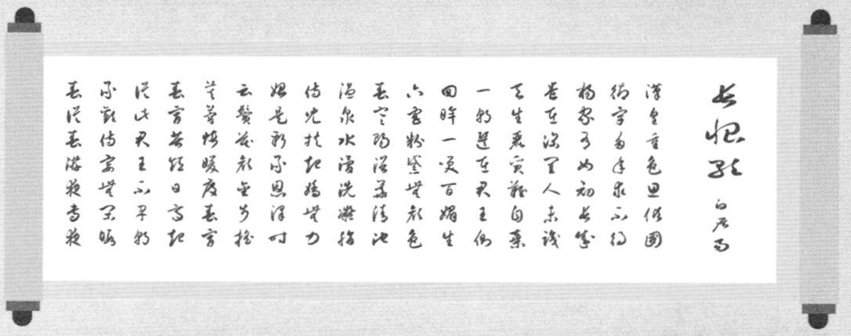

浮生春色里传回
绮字白连永不纷
梅家名妙初与望
老至深了人来读
玄生天宾都自来
一约返至天主伤
回时一沒百媚生
六官粉黛芰彩色
海底汹涌玉清池
玉官粉黛芰彩色
烟光新永思浮对
佑光扰相浓赞芳
云鬓花新玄方格
芳茗发新色知
玉言若经日自知
况此天主不平新
乔颜佑家莹字明
玉况玉浩春方故

七绝诗
白九百书

1. 掌握应用语音技术进行系统设计，解决实际问题的方法；
2. 通过编写古诗背诵辅助系统，初步了解实际应用开发的方法。

现在对于古文学习的要求越来越高，需要背诵的古诗也越来越多，你有什么好的背诵方法吗？

没有，经常想不起来下一句是什么，如果有人能在旁边给点提示就好了。

万事不求人，我们试着编写一个人工智能古诗背诵辅助系统，怎么样？

我非常赞同这个主意。

5.1 系统功能规划

诗往往用高度凝练的语言来表达作者丰富的情感，古诗是古代诗人智慧的结晶。如图 5 – 1 所示，诗仙李白的《山中与幽人对酌》，以优美的语言展示了诗人与意气相投的好友把酒尽欢的场景，表现出诗人率真洒脱的性格特点，其意境之美，让人心醉，回味无穷。

▲ 图 5-1 **李白醉酒图**

经典的古诗值得传承，然而在背诵古诗时，常常会卡在其中的某一句上，如果背诵过程中有人能适当提醒，对于古诗背诵非常有帮助。请同学们学以致用，尝试利用语音识别技术完成一个古诗背诵辅助系统，实现古诗的辅助背诵。

议一议

请同学们讨论：结合背诵古诗的过程，你认为古诗背诵辅助系统可以分为哪几个部分，每部分的功能是什么。

如表 5 - 1 所示，列出了古诗背诵辅助系统必备的一些功能模块。

表 5 - 1　古诗背诵辅助系统必备功能

功能	描述
诗库功能	将需要背诵的古诗放入古诗库中。
识别单句古诗	通过语音识别技术识别单句古诗，并与诗库验证比较，判断正误。
辅助提醒功能	要求在一定的时间内背出古诗，因未完成整首诗歌背诵而超时，辅助系统会提醒要求重新背诵。 如果只背诵了一部分，超出一定的时间未能继续背诵，那么系统会提醒你下一个字是什么，帮助你唤醒记忆。

5.2　构建古诗库

实现古诗背诵辅助系统的第一步是构建古诗库，主要实现方法是将需背诵的古诗文件存入古诗库中。在使用系统辅助背诵古诗之前，需要向你展示古诗库中已有的所有古诗，让你选择想要背诵的古诗，如果没有，则提示增加，这个流程如图 5 - 2 所示。

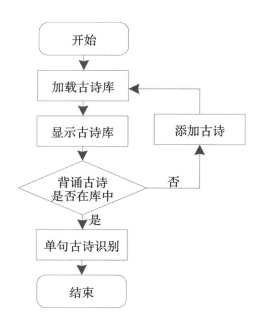

▶ 图 5 - 2 古诗库加载
模块流程图

试一试

登录实验平台，编写程序，完成古诗库的构建。

5.3 系统功能实现

将《山中与幽人对酌》作为背诵内容，首先需要将古诗存入古诗库。在练习背诵时，对于每一行都使用语音识别接口检验自己背诵得是否正确，这个流程如图 5 - 3 所示。

44

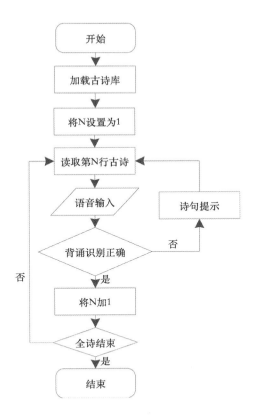

试一试

登录实验平台，编写程序，完成单句诗句的识别功能。

为了保障辅助古诗背诵辅助系统的实用性，提醒功能建立如下提醒策略：

• 针对古诗中某一句如果5秒内，没有开始背诵，则退出系统，并提醒需要重新背诵，下次再来挑战。

• 如果5秒内没有正确地背出该句，那么说明对本首诗不熟悉，退出系统并建议你重新背诵，下次再来挑战。

• 如果没有完整地背诵当前句子，系统提醒下一个字是什么，并提示重新背诵该句。

• 对于一首诗，需设定最多提醒次数，当提醒的次数超出时，退出系统并提示背熟后再来进行挑战。

• 如果用户能够完整地背出当前句子，那么就要让用户尝试背诵下一句，直到你成功地背诵完整首古诗。

试一试

1. 登录实验平台，编写程序，完成辅助提醒功能。

2. 将三个模块整合起来，就完成古诗背诵辅助系统的实现，回顾系统的功能设计思路，尝试编写一份古诗背诵辅助系统使用说明，让你的用户知道如何使用这个系统进行辅助背诵。

评一评

我能够应用语音技术，进行系统设计解决实际问题。☆☆☆☆☆

我通过编写古诗背诵辅助系统，了解了实际应用开发的方法。☆☆☆☆☆

第六节

语音点餐系统

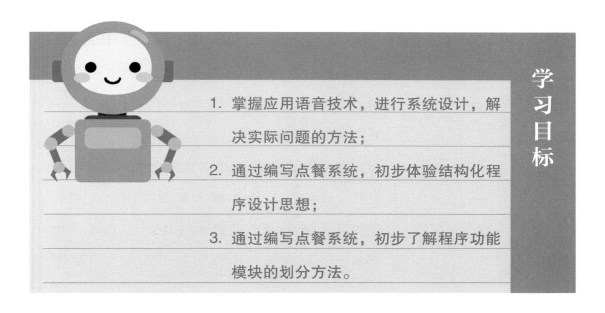

1. 掌握应用语音技术，进行系统设计，解决实际问题的方法；

2. 通过编写点餐系统，初步体验结构化程序设计思想；

3. 通过编写点餐系统，初步了解程序功能模块的划分方法。

你有过在餐厅点餐的经历吗？

我也有相同的想法，我们一起来试试吧！

当然有，但是我觉得如果能将语音识别应用到点餐环节，可以极大地提高点餐的效率！

6.1　系统功能规划

随着生活水平的不断提高，服务型机器人的需求逐渐增加，如快递中的分拣机器人、食堂里的点餐机器人等。其中，语音识别是智能化机器人的重要组成部分，有着举足轻重的作用。比如点餐时，利用语音进行点餐，不但节省时间，同时还能保障卫生安全。

日常生活中点餐过程大致分为"阅读菜单、点餐、付款"三个步骤。如果使用语音进行点餐的话，那么语音点餐系统中需要具备"电子菜单、语音点餐、计价"三个功能，具体对应关系如图6-1所示。

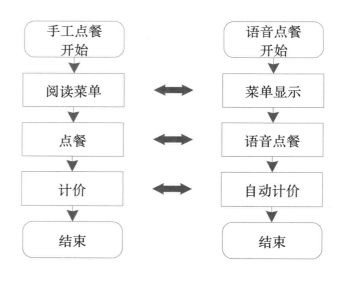

▶ 图6-1 两种点餐方式步骤对比

语音点餐系统包括"菜单显示、语音点餐、自动计价"三个核心功能，大概效果如图6-2所示。

◀ 图 6 - 2　语音点餐系统示意图

做一做

请同学们根据核心功能的规划，完成核心功能的描述，补全表6-1。

表 6 - 1　语音点餐核心功能规划

系统核心功能	功 能 描 述
菜单显示	将餐厅的菜品及对应价格显示给顾客。
语音点餐	系统具备＿＿＿＿＿＿功能，能够准确识别顾客说的菜品； 系统能够根据＿＿＿＿＿＿后得到的文本与菜品进行匹配实现点餐； 系统能够识别固定语音指令结束本次点餐。
自动计价	系统能够根据顾客的菜单自动计价。

6.2　系统功能实现

通常的菜单，一道菜对应菜品的价格信息，按照这样的方法，系统中可以记录菜品的信息，如图6-3所示。

菜单 MENU

红烧肉·················15元

番茄炒蛋·················10元

糖醋排骨·················13元

红烧鱼·················20元

米饭·················2元

▶ 图6-3 菜品与价格
对应示意图

试一试

　　登录实验平台，编写程序，实现菜单信息存储和显示功能。

　　完成菜单显示之后，顾客可以根据菜单的内容与系统进行语音交互，来完成点菜。点菜完毕后，系统自动根据菜品计算相应的价格，例如顾客点了红烧肉，系统能够根据菜单中定义的红烧肉价格完成计价。

但试想一下，如果顾客在语音点餐时，点了一份菜单中没有的菜品该怎么办呢？具体的处理流程如图 6 - 4 所示。

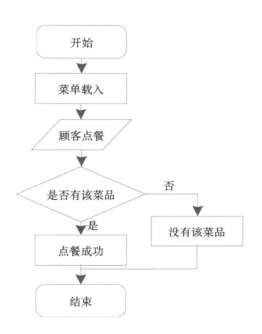

◄ 图 6 - 4 　基本点餐模块流程图

试一试

登录实验平台，编写程序，调用"语音识别"模块，实现基本点餐功能。

议一议

请同学们进行讨论：当前这个基本点餐模块是否存在可以改进的地方。

为了让整个点餐过程更加便利，可以为系统再添加一些功能，如一次可以点多种菜品、增删菜品、总价预览等功能。

试一试

登录实验平台，编写程序，为点餐模块添加其他必要的功能。

通过语音点餐完成后，系统需要和顾客确定订单，并告诉其最终的应付价款。

试一试

登录实验平台，编写程序，实现自动计价功能。

通过任务规划，将整个点餐系统分为三个模块，并分别编写程序，最后将三个模块合并为完整的系统，这就是结构化程序设计的一般流程。

请同学们体验语音点餐系统的全过程并讨论：这个语音点餐系统还存在什么缺陷，可以怎样改进。

评 一 评

我能够应用语音技术，进行系统设计，解决实际问题。☆☆☆☆☆

我知道了结构化程序设计是以模块功能和处理过程设计为基础，程序易读、易懂。☆☆☆☆☆

我知道了应用结构化程序设计在设计程序时，应先考虑总体，后考虑细节；先考虑全局目标，后考虑局部目标。☆☆☆☆☆

—— 第七节 ——

无人驾驶概览

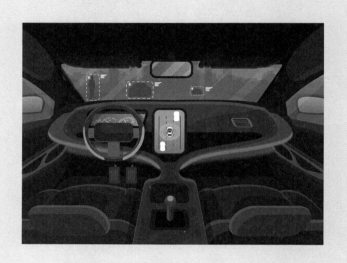

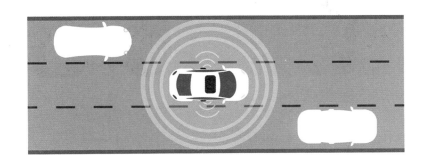

听说，有很多科学家都在研究"无人驾驶"，这种车没有驾驶员，却可以自动完成启动、行驶、换挡等驾驶工作。你知道吗？

"无人车"全身都是宝贝，它也有类似人一样的"感官"，可以"看得见"。

嗯，听说过"无人驾驶"，可是很好奇，没有人的车子是什么样子的呢？它又是如何实现驾驶工作的呢？

汽车还能"看得见"？这是怎么做到的呢？

7.1 无人驾驶系统

1913 年，福特公司生产的第一辆流水线汽车在道路上行驶。由于运用自动化生产技术，原本昂贵的汽车价格开始下降，汽车逐渐进入平常人的日常生活。那时的人们或许没有想到，100 多年后的今天，汽车已经可以在道路上自动行驶，如图 7 – 1 所示，不再需要人的操作。伴随无人驾驶技术的迅猛发展，或许在不久的将来，驾驶员这一称呼会逐渐被人们遗忘。

1913 年的福特工厂流水线

无人驾驶汽车

▲ 图 7 – 1 自动化汽车流水线与无人驾驶汽车

议一议

汽车实现无人驾驶需要完成驾驶过程中的各个核心环节。请同学们讨论：传统汽车驾驶中，实现从上海人民广场到达上海市实验小学，需要经历什么过程。根据讨论完善如图 7 –2 中的流程。

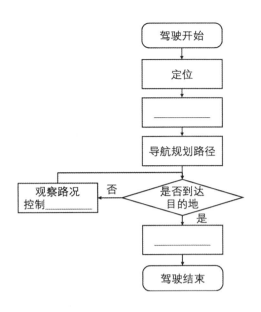

◀ 图7-2 汽车驾驶操作流程

　　没有司机驾驶的无人车在完成上海人民广场到上海市实验小学的驾驶任务时，需要完成同样的过程。对于无人车来说如何完成这些过程呢？

　　定位：无人车需要具备准确定位的功能，这样才可以保障准确安全的驾驶。如图7-3所示，乘客小铭在上海人民广场附近等待乘车，附近有一辆等待运营的无人车，因为能够实现高精度的定位，所以无人车能够找到小铭的所在位置。

◀ 图7-3 无人车定位

路径规划： 上车后，乘客确定目的地，比如，目的地是上海市实验小学。无人车根据当前定位和目的地信息，进行路径规划，从多条路线中确定并选择一条路线。比如，选择的路线需要先沿着武胜路行驶130米，如图7-4所示。

● 上海人民广场

↑ 进入武胜路，行驶130米

↱ 右转，进入延安东路辅路，行驶200米

↑ 请直行，进入延安东路，行驶980米

↱ 右转，进入云南南路，行驶300米

↑ 请直行，进入人民路，行驶300米

↰ 左转，进入方浜中路，行驶210米

● 上海实验小学

▶ 图7-4 人民广场到上海市实验小学的规划路线

控制： 确定路线后，无人车启动，驾驶系统控制油门、刹车、方向盘开始行驶，如图7-5所示。

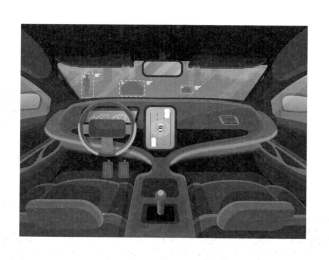

▶ 图7-5 无人车控制系统

感知： 无人车随时对道路上的车道线、红绿灯

和交通标志物以及车身周围可能出现的车辆、行人等交通障碍进行检测，如图 7-6 所示。

◄ 图 7-6 无人车感知环境

决策： 无人车行驶过程中发现遇到了红灯，需要停车等待。遇见正在过马路的行人，需要停车礼让。在路上，无人车发现前面的汽车行驶得太慢，完成超车决策，如图 7-7 所示，最终到达目的地。

◄ 图 7-7 无人车超车决策

与人驾驶类似，无人驾驶也包含感知、定位、规划、决策、控制等阶段。无人车拥有一套模仿人驾驶过程的系统，包含感知、定位、规划、决策、控制等核心模块。

无人车是一个融合多项智能技术的复杂系统，根据过去学习的人工智能与小车控制的知识，充分发挥你的想象，完成如下任务：

1. 为了实现自动驾驶，汽车需要像驾驶员一样，拥有"眼睛"来感知环境，充分发挥想象，如何改造汽车，可以让汽车拥有"眼睛"的功能呢？

_____

_____

_____

2. 为了实现自动驾驶，汽车需要像驾驶员一样，能够确定当前的位置，充分发挥想象，怎样可以让汽车能够确定自己的位置呢？

_____

_____

_____

3. 为了实现自动驾驶，汽车需要像驾驶员一样，拥有聪明的大脑，充分发挥想象，如何让汽车具备"大脑"的功能呢？

_____

_____

_____

续表

4. 能够感知环境、确定位置的汽车就具备了自动驾驶的基本条件，但是要想控制汽车行驶，需要为汽车加装控制器，充分发挥想象，在什么位置添加控制器，可以让汽车安全行驶呢？

_____

_____

_____

5. 为了让汽车能够自动驾驶，你已经进行了丰富的想象，也许你为汽车添加了一些"部件"来保障汽车具备自动驾驶功能，试着将你设计安装的"部件"标注在车体结构上，如图 7 - 8 所示，并简单阐述它的功能。

▲ 图 7 - 8 汽车内外部车体结构

感知是指无人驾驶中车辆理解外部环境的环节，通常借助传感器技术和计算机视觉技术处理信息，并用基于机器学习的方法理解这些信息，从而建立起对外部环境的认知。

定位是无人驾驶中车辆确定自身位置的环节，通常会在感知外部环境信息的基础上，结合车辆自身的运动状态，给出车辆在真实世界下所处的位置。

规划是无人驾驶中车辆确定行驶路径和速度的环节，通常会在感知和定位的基础上结合已有的地图信息和实际的道路情况，给出一条可行驶的安全路线。

决策是无人驾驶中车辆根据所获得的感知、定位、规划信息后结合道路上人为制定的一系列行驶规则后决定如何行驶的环节。

控制是无人驾驶中真正决定车辆如何行驶的环节，通常会结合规划和决策信息将所有的指令信息通过控制技术转化成实际车辆的油门、刹车、方向盘的控制信号，使得车辆可以遵循给出的路径行驶在道路上。

7.2　无人驾驶的"瓶颈"

在传统驾驶领域中，经验丰富的驾驶员能够在复杂的路况下对车辆进行控制，从而保障安全驾驶。在无人驾驶领域，安全问题同样重要。未来无人驾驶投入应用的一个重要标准，即是否能够应对各种情况避免出现安全问题。无人驾驶领域中除了交通安全等问题以外，还存在一些伦理问题需要解决。如图 7 - 9 所示，在一个狭窄的桥上，突发交通状况，目前无人驾驶的车辆仅存的两个决策：改变方向控制汽车掉入河中，或者继续行驶导致行人掉入河中。那么无人驾驶将如何决策处理呢？

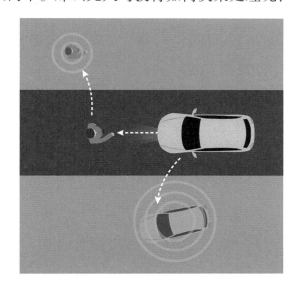

◀ 图 7 - 9　无人车面临的抉择

做一做

使用互联网进行信息检索，查找一下无人驾驶在安全方面、伦理方面面临的问题，记录在下面表格中，并针对你的调查进行分享。

无人驾驶目前在安全方面、伦理方面存在的问题：
解决方案：
无人驾驶与有人驾驶比较，哪个更安全？试着将你查到的信息记录在下面：

对驾驶员来说，随着开车里程的增加，应对各种突发路面状况的经验得到积累，驾驶技术变得炉火纯青。与之相似，无人车同样能在驾驶过程中通过不断学习，逐渐提升"驾驶技术"。如何运用技术手段，为无人驾驶保驾护航，让人们的生活越来越便捷、美好，正是当前科学家们研究的课题。

评一评

　　我知道了无人驾驶中各个模块的核心功能，并能简单讲述。☆☆☆☆☆

　　我了解了无人驾驶中的安全问题与伦理问题。

☆☆☆☆☆

—— 第八节 ——

无人驾驶感知

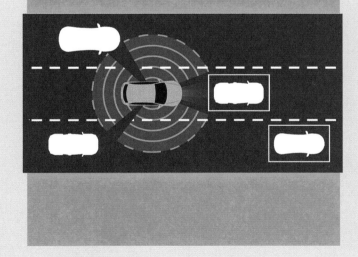

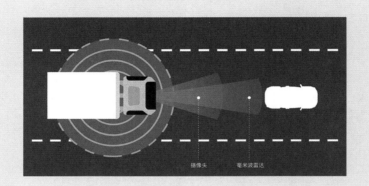

你知道人在开车过程中对于环境的感知用得最多的是哪种感觉器官吗？

那在无人车中也有像人的眼睛一样的"器官"去感知外界信息吗？

驾驶员用眼睛去观察其他车辆和行人的位置，观察路况、指示牌和交通信号灯的变化，眼睛是驾驶过程中使用最多的感觉器官。

"传感器"可以为无人驾驶系统提供很多必要的信息，无人车正是通过各种传感器理解外部环境的。

8.1　无人驾驶与传感器

想一想

每天许多汽车行驶在道路上，汽车在行进中，大多时候是在一条车道内，遇到障碍会停车，或者转向避让。保障安全稳定的驾驶是因为司机可以观察路况进行驾驶操作。请同学们想一想：无人车没有眼睛，如何才能实现类似驾驶员的感知功能呢？

无人驾驶车辆需要搭配多种传感器以满足对不同路况、天气环境的感知。最常用的传感器有摄像头、激光雷达、毫米波雷达等，如图 8－1 所示。

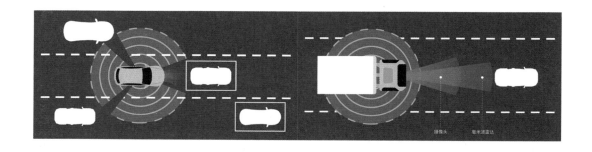

▲ 图 8－1 无人车常用传感器

三种不同传感器具备不同的功能和优缺点，具体如表 8－1 所示。

表 8－1 各种传感器对比

名称	优点	缺点	探测范围	功能
激光雷达	精度高，探测范围较广构建车辆周边环境的 3D 模型	易受恶劣天气干扰技术不够成熟产品造价高昂	200 米以内	障碍物探测识别车道线识别辅助定位地图构建

名称	优点	缺点	探测范围	功能
摄像头	识别物体几何特征等信息 通过算法实现对障碍物距离的探测 技术成熟，成本低廉	受光照变化影响大 易受恶劣环境干扰	最远距离大于500米	障碍物探测识别 车道线识别 辅助定位 道路信息获取 地图构建
毫米波雷达	对烟雾、灰尘穿透能力较强 抗干扰能力强 对相对速度、距离的测量准确度高	测量范围较窄 难辨别物体大小和形状	200米以内	障碍物探测 （中远距离）

议一议

摄像头、激光雷达、毫米波雷达有着各自的优点和缺点。请同学们讨论：如何结合不同传感器的优缺点取长补短来实现对环境的感知。根据讨论结果，分析一下如下场景如何解决。

场景一	摄像头能够识别物体几何特征，识别交通标识，成本低廉。	问题：受光照的影响较大，夜晚采集的照片几乎无法分辨目标。
	解决方案： 激光雷达不受光线的影响，在白天和夜晚都可以提供有用的信息，无人车夜晚行驶时，在摄像头无法使用时，使用＿＿＿＿＿＿代替摄像头进行环境感知。	
场景二	摄像头、激光雷达，可以分辨车道线、辅助定位。	问题：雨（雾）天，摄像头和激光雷达受到干扰，提供的信息可能存在较大误差。
	解决方案： ＿＿＿＿具备＿＿＿＿＿＿＿＿特点，在雨（雾）天或者烟雾较大的场景下可以提供有用的信息，使用＿＿＿＿＿代替＿＿＿＿＿和＿＿＿＿＿进行环境感知。	

摄像头：摄像头传感器是最接近人眼的传感器，通过摄像头可以拍摄当前视角下的图片。

激光雷达：激光雷达是一种用于获取精确位置信息的传感器，由发射系统、接收系统及信息处理三部分组成。其工作原理是向目标探测物发送探测信号，然后将目标发射回来的信号与发射信号进行比较，进行适当处理后，便可获取目标的相关信息，例如，目标物距离、方位。

毫米波雷达：毫米波是电磁波的一种，毫米波雷达是能够测量被测物体相对距离、相对速度、方位的高精度传感器，常用于监测车辆前后方及两侧的车道是否有物体。

无人车的感知系统拥有多个传感器，在进行环境信息感知时，通常根据传感器的信息进行综合判断。例如，摄像头受光照的影响较大，白天和夜晚拍摄同一地点的照片会发现晚上拍摄的照片几乎看不出什么东西，而白天拍的照片就很清晰可以被使用。然而激光雷达就不受光线的影响，在白天和夜晚都可以提供有用的信息。在雨天或雾天的时候，摄像头和激光雷达受到干扰，可能都不太能提供有用的信息，毫米波雷达就可以弥补它们的不足，在这种天气下继续工作提供感知信息。由此可见，无人车感知是一个复杂的系统，每个传感器都有着自己的作用。

8.2 车道线识别

车道线用来划分道路中不同方向的汽车应行驶
的区域，汽车须在指定的车道内行驶。

如图 8 - 2 所示，展示了现实路况中的车道线，根
据你的常识或者网上搜索的信息，补全如下任务。

▼　图 8 - 2　车道线

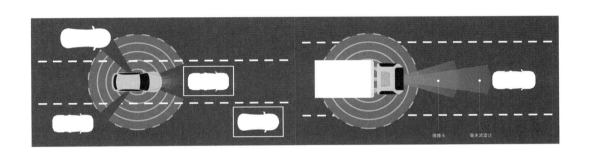

观察图片，图片中有＿＿＿＿＿＿类车道线。		
类别	类别 1	类别 2	类别 3
特征		白色虚线	
功能	区分不同方向车道	可以变道	同向车辆，不可变道
思考：无人车拥有传感器作为"眼睛"，如何才能识别出道路上的车道线呢？		
解决方案：利用＿＿＿＿＿＿传感器，寻找不同车道线的特征，来寻找符合交通规则的车道，沿车道行驶。		

用摄像头做车道线识别可以简单地理解为在一
幅图像中寻找出车道线的位置，如图 8 - 3 所示。

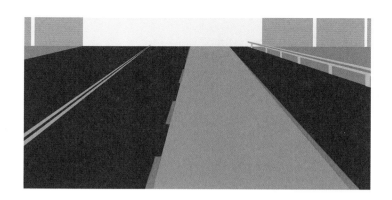

▶ 图8-3 车道线识别

小贴士——车道线识别原理

无人车的车道线识别主要通过摄像头传感器来实现。首先通过摄像头拍摄当前无人车视角下的道路图片，接着在拍摄的图片中利用基于传统计算机视觉提取颜色、直线的方法或是基于人工智能中机器学习的方法来提取车道线特征进行识别。除了利用自带的传感器进行车道线识别，无人车还可以通过高精度地图来直接快速地获取车道线的信息。关于高精度地图的知识我们将在后面的章节中学习。

试一试

登录实验平台，编写程序操作虚拟无人驾驶小车，进行车道线识别，让小车在车道线内行驶。

请同学们讨论：无人驾驶的车道线检测和小车循线的任务有什么不一样。

8.3　障碍物检测

在道路上驾驶汽车会遇到许多障碍物，比如路边花坛等静止障碍物或者行人、汽车等动态障碍物。无人车可以借助传感器——摄像头、激光雷达、毫米波雷达等实现障碍物检测。

请同学们回顾计算机视觉中的单目测距和双目测距的知识，想一想：如何应用摄像头实现距离的测量。

激光雷达和毫米波雷达能够获得物体相对于车的距离，根据雷达测量的距离信息实现简单的障碍物检测从而完成避障，如图 8 - 4 所示。

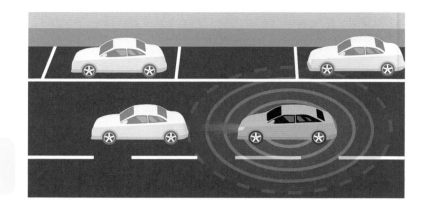

▶ 图8-4 障碍物检测

无人车可以根据传感器实时测量的信息，进行障碍物距离判断，当距离小于一个阈值时，认为无人车检测到障碍物，需要进行相关决策。实际上，基于距离的障碍物检测方法是最基础的方法，真正的无人车障碍物检测还会结合更多信息进行综合判断。

做一做

登录实验平台，编写程序操作虚拟无人驾驶小车，进行障碍物检测，控制小车完成避障的功能。

想一想

实验中实现了对静态障碍物的检测和避障，假如行驶中遇到了正在移动的物体，比如行人或汽车。请同学们想一想：此时的障碍物检测与避障需要注意什么。

评一评

我掌握了无人车感知外部环境的实现方法。

☆ ☆ ☆ ☆ ☆

我了解了车道线识别和障碍物检测的原理。

☆ ☆ ☆ ☆ ☆

无人驾驶高精度地图

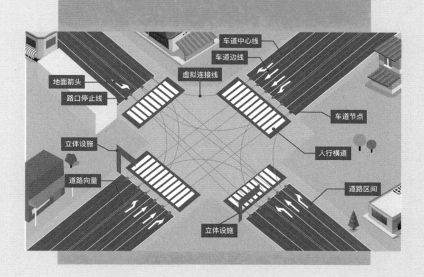

车道中心线
车道边线
虚拟连接线
地面箭头
路口停止线
车道节点
立体设施
人行横道
道路向量
道路区间
立体设施

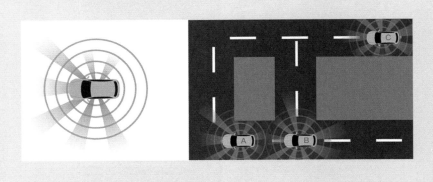

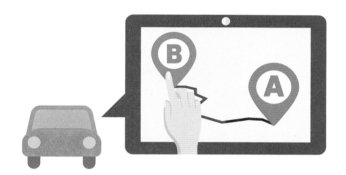

平时，爸爸妈妈开车前，总是会打开手机或者车载导航使用地图，你知道这些地图上都有哪些信息吗？

嗯，一般来说地图上都会标出一些路名、路的走向、地名、建筑物的名字等信息。

身边有地图，即使迷路了，也可以根据附近的路名和建筑物，来确定我们在地图上的具体位置。

看来地图可以很好地解决定位问题，如果为无人驾驶系统配置地图，应该能更快地完成定位。

9.1　无人驾驶与地图

根据对周边环境的观察和手中的地图，快速找到自己所在的位置。举个例子，目前小铭同学看到

85

身边的道路名称为四川北路，附近有一个足球场。翻看上海市地图，小铭快速找到自己的具体位置在虹口区四川北路的虹口足球场，如图 9 - 1 所示。然后小铭根据这个定位，可以快速找到一条回家的路线，这就是地图带来的作用。

▶ 图 9 - 1　上海市虹口足球场附近地图

想一想

人类借助地图与眼睛观察到的信息，能够快速确定自己的位置。请同学们想一想：拥有人工智能技术的无人车，要想根据同样的原理确定自己的位置，需要具备什么功能。

无人车上安装着多类传感器，对于无人车来说，它的"眼睛"并非只有摄像头，雷达传感器同样是无人车的"眼睛"。假设无人车目前位于十字路口，如图9-2所示，无人车在位置A与位置B时，雷达数据是不一样的。如果确定了当前无人车所处的方向和位置，就可以确定出雷达的读数。同样，如果得到当前无人车雷达的数据，就能确定无人车的方向和位置。

◀ 图9-2 雷达数据检测

想一想

请同学们想一想：

1. 在某个时刻，知道无人车的各类传感器读数，能不能猜测出无人车的位置；

2. 假如此刻无人车观测到各个雷达传感器测量情况，如图9-3中左图所示，那么无人车可能处于右图中的哪一个位置。

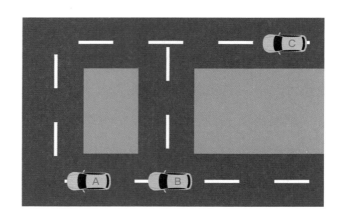

▲ 图 9 - 3 无人车位置
判断

通过分析可以发现，无人车更接近地图中的位置 A，如图 9 - 4 所示。

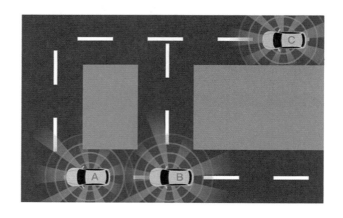

▲ 图 9 - 4 无人车在不
同位置的感知参数

这个原理可以用于判断无人车的位置。假设现在存在一个"城市"的地图，无人车在地图中行驶，地图中仅存在三个位置 A、B、C。当前无人车传感器测量到一组数据 x，这时可以将数据 x 与 A、

B、C 三个点对应的传感器数据 a、b、c 进行对比，看看 x 与 a、b、c 中哪一组数据最接近，与 x 数据最接近的点，就是无人车目前的位置。

将无人车的行驶情况映射到二维世界，类似于实验平台展示的。小车的状态可以在地图上用三个参数表示，小车的位置（x，y）以及小车的角度 theta。处于相同位置的小车如果角度不同，也是不一样的状态。这三个参数（x，y，theta）可以描述小车的状态，如图 9－5 所示。

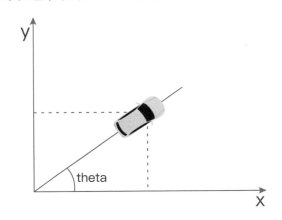

◀ 图 9－5 虚拟小车位置参数

试一试

登录实验平台，编写程序，完成如下任务：

1. 将小车开到某个位置，观察并记录此时传感器的读数；

2. 编写程序，根据当前传感器读数，判断小车位于位置 A 的可能性大小。

通过传感器的读数，可以判断小车位于某个位置的可能性。这是因为提前测量了每个位置传感器的读数。那么对于真实行驶在马路上的无人车，如何能做到这一点呢？

如果可以将更多的数据信息放到地图中提供给无人车，无人车就可以根据当前各类传感器感知的数据与地图中已有的数据进行匹配，从而判断当前的位置。

想一想

请同学们想一想：

1. 适合无人车行驶的地图是什么样的；

2. 你会为它添加什么信息，这样的地图和生活中的地图有什么区别。

9.2　初识高精度地图

传统的电子地图可以提供定位和周边的环境信息。在无人驾驶系统中，同样希望引入地图给车辆提供信息。驾驶员根据地图提供 GPS 位置信息可以确定自己的大致位置，然后根据路标和路面的车道线就可以完成驾驶了。对于无人驾驶来说，机器缺乏人类的视觉识别和逻辑分析能力，无法根据精度不高的 GPS 信息完成驾驶，比如 GPS 信息无法准确到当前车辆在哪一条车道上。因此无人驾驶对地图精度的要求远远超过传统的电子地图。

在无人驾驶中，为车辆提供足够精确信息的地图称为高精度地图。高精度地图中包含大量的行车辅助信息，如图 9 - 6 所示。

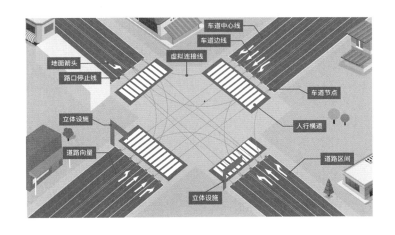

◀ 图 9 - 6　无人驾驶的高精度地图

高精度地图中提供的辅助信息分为两类，一类是道路数据，如道路车道线的位置、类型、宽度等车道信息；另一类是行车道路周围相关的固定对象信息，如交通标志、交通信号灯、车道限高、障碍物、防护栏、树木、路边建筑等基础设施信息。所有上述信息与地理位置共同存储，现实中因为道路网可能每天都在变化，比如车道线的磨损和重漆、交通标志的改变等，所以高精度地图比传统电子地图需要更高的实时性，需要加快更新频次。

试一试

登录实验平台，查看平台内置的高精度地图，说一说高精度地图中都有哪些元素，是否与你想象的一致。

想一想

请同学们想一想：如果让你在高精度地图中添加信息，你认为还可以添加哪些有用的信息。

高精度地图在无人驾驶中非常重要。在高精度地图上标注出哪里是可行驶区域，哪里有交通信号灯，哪里有人行横道等信息，为无人车决策提供了更多依据，比如当因为物体之间相互遮挡而不能探测到被遮挡的物体时，无人车能够直接从地图上获取信息保障行驶的稳定、安全。同时无人车还可以根据自己感知采集的信息与地图中的信息比对，从而实现精准定位。

评一评

　　我知道了可以借助传感器信息判断无人车的具体位置。☆☆☆☆☆

　　我了解了无人驾驶中的高精度地图，并知道高精度地图的重要性。☆☆☆☆☆

—— 第十节 ——

无人驾驶定位

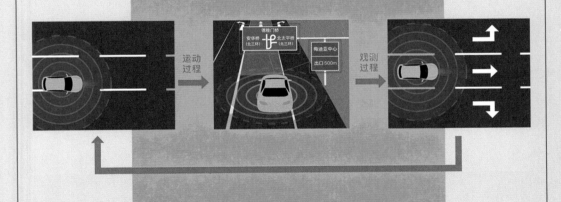

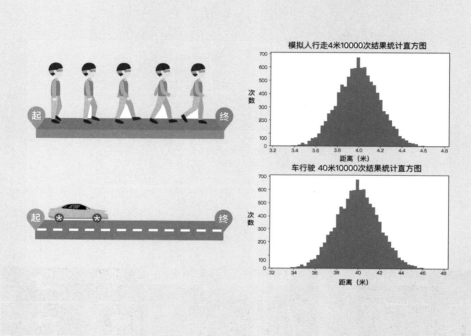

模拟人行走4米10000次结果统计直方图

车行驶 40米10000次结果统计直方图

10.1　运动过程

在日常行走时，睁着眼睛，能时刻观察并判断出自己的位置。如果蒙着眼睛走路如何能够确定自己的位置呢？比如某位同学在一个空教室里蒙着眼睛走路，走了一段时间后，他还能知道自己在教室里的确切位置吗？如果这位同学蒙上眼睛在桌椅摆放规则的教室中行走，他能确定自己在教室中的位置吗？如图 10 - 1 所示。

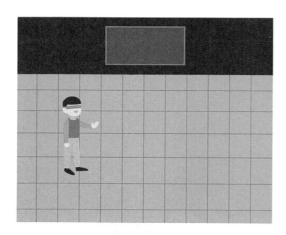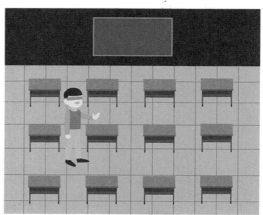

▲ 图 10 - 1 蒙着眼在空教室里与整齐摆放桌子的教室里行走

想一想

请同学们想一想：假如一位同学想蒙着眼睛在一间空教室沿直线准确走出 4 米，使用什么方法可以保证行走的精度。

可以采用这样的策略：记录步长对应的具体距离，然后计算出行走 4 米所需要的步数；最后蒙上眼睛，保持步长，行走之前计算出步数。因此在一些对精度要求不高的场景下，人们常常使用步长来测距。

小贴士——考虑步长蒙眼行走的规律

同学们可以试一试，蒙着眼睛走 4 米的距离（请务必选择安全的地方进行尝试）。多尝试几次，并请同学帮忙记录下每次所走的实际距离，看一看有什么规律。如表所示，记录了 7 次实验的距离。

表 10 - 1　行走 4 米的实验数据

次数	1	2	3	4	5	6	7
距离（厘米）	380	392	403	399	410	420	383

实际上重复进行蒙眼走 4 米的实验，走 100 次、1000 次甚至 10000 次，会发现行走的距离存在一个规律：绝大多数实验行走的距离是很接近 4 米的。可能有时候走得不太准，距离在 3.5 米左右或者 4.5 米左右，但是通常情况下不会出现 3 米左右和 5 米左右的距离。

同样地，假如让一辆车以固定的速度行进固定的时间，然后观察这台车走过的距离。原则上行驶的距离等于行驶时间乘以行驶速度。然而，由于很多不可控制的因素，车行进的距离不一定能刚好等于这个值，往往会与这个值非常接近，这与同学们蒙着眼睛行走是一样的规律，如图 10 -2 所示。

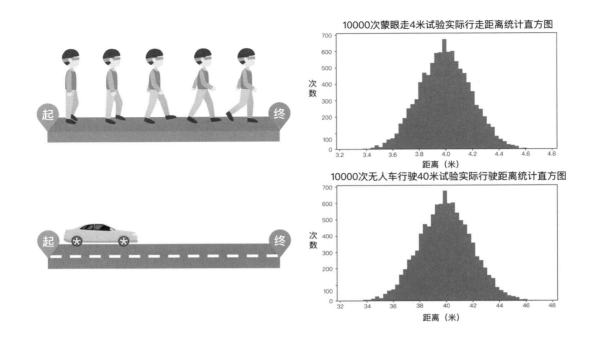

在上述的运动过程中，人保持步长行走一定的步数，车以固定速度行进一定的时间，都会因为很多不确定性因素的影响，导致"行驶"距离出现偏差。如果进行多轮类似的实验，并将实验数据进行统计，就会发现图 10 - 2 中相似的规律，类似这样的规律的分布，常称为正态分布。案例中，人和车所行进的距离数值就符合正态分布。某个数据如果符合正态分布，那么多轮实验结果的平均值与期望的目标数值是近似相等的。

▲ 图 10 - 2 人与车的行走规律

登录实验平台，编写程序控制小车行走固定距离，调用定位功能，确定小车行驶是否存在误差。进行多次实验，记录误差数据。

10.2 观测过程

无人车在行驶的过程中，稍微出现偏差，都会出现安全事故，因此需要更精准的距离控制。同样是在教室里蒙眼行走，如果教室里整齐摆放着桌子，每个桌子的宽度是 60 厘米，每排桌子间隔 40 厘米，那么在这样的环境中蒙眼行走，大多数时候都能够更准确地走出 4 米的距离。

请同学们结合《人工智能启蒙（第二册）》中学习的"智能与控制"，想一想：为什么这次走得更加准确。

实际上，在有固定摆放桌椅的教室里蒙着眼睛行走，可以在行走中通过桌椅的摆放规律实时获得一个反馈信息。比如行走的过程中，可以用手触摸桌子来判断当前的位置，再结合教室里桌子排布的距离信息，从而使最终行走的距离更接近4米。

睁着眼睛行走，可以利用观察到的环境信息来确定自己的位置。蒙着眼睛在空荡的教室里行走，可以根据自己每一步的步长进行位置估算，但是很不准确；蒙着眼睛在整齐摆放桌椅的教室里行走，除了根据步长估算以外，还可以利用经过了几排课桌来确定自己的位置。

对于无人驾驶来说，如果不借助任何传感器，就像是蒙着眼睛在空荡的教室里走路，无人车可以根据左右轮旋转的圈数，来大致确定行驶的距离和方向。而加装了传感器的汽车，就如同蒙着眼睛在整齐摆放桌椅的教室里行走，此时可以初步获得环境中反馈回来的信息。

自主移动的无人车，根据车载传感器确定自己在地图中位置的过程就是无人车的定位。无人车在行驶过程中需要知道它在车道中的准确位置，只有这样才能够准确地规划行驶路线，确保无人车精确地沿着车道线行驶，如图10-3所示，即将左转的汽车，到达十字路口前需要保障自己已经在左转车道中。

▲ 图 10 – 3 等待左转的无人车

想一想

通常，无人车行驶一段时间后无法准确定位，结合前面学习的高精度地图相关知识，请同学们想一想：采用什么方法可以判断小车是否行驶到了特定的位置。

通过传感器获得的外部环境信息对比高精度地图信息可以判断无人车的位置。例如，高精度地图中通常存有各类道路及道路周边的信息，无人车通过当前车载传感器获取的数据与高精度地图中的数据进行比对，就可以确定位置。这是因为这些标志物往往在一定的时期内不会有太大的变化，因此通过观察这些标志物得出的无人车位置通常来说是可靠的。

登录实验平台，编写程序，通过传感器参数判断小车是否到达地图中预定的位置。

人和无人车通过环境判断自身位置的过程其实就是一个观测的过程，通过观测实际环境的信息来更加准确地判断运动之后所处位置，从而消除由运动本身带来的不确定性。通常来说，观测获取的信息越多，越能帮助其确定自身的位置，不确定性就越小。

10.3　定位过程

定位其实就是运动过程和观测过程交替作用产生的结果。例如人一边走一边观察周围的环境，判断自己走到了哪里，边走边看，最终到达目的地。运动过程中产生的不确定性，可以由观测过程中获取的环境信息来修正，如此往复，如图 10 - 4 所示。

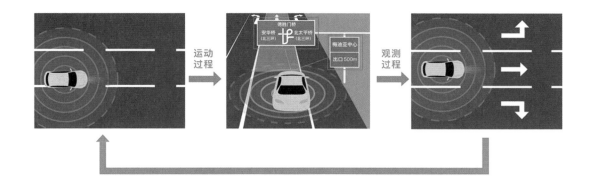

運動
过程

观测
过程

▲　图 10 − 4　无人车定位
过程

小贴士——无人驾驶如何定位

全球定位系统（Global Positioning System，GPS）
是生活中最常用的定位方法，几乎每台手机都具备
GPS 功能。GPS 由三部分组成：卫星、控制站和接收
器，如图 10 − 5 所示。

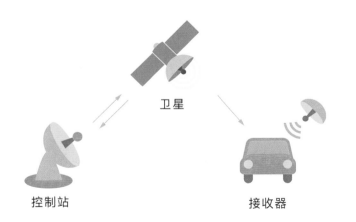

卫星

控制站

接收器

◀　图 10 − 5　GPS 定位原
理

装配 GPS 的汽车可以获取自身的位置信息，此

时无人车就是一个接收器，接收并处理卫星的数据从而获取自身的位置。依靠 GPS 实现的定位，精度在米级左右，同时 GPS 数据更新的速度比较慢，大约每 0.1 秒更新 1 次，并且 GPS 必须在非封闭环境中才可以正常工作，因此在类似隧道的场景中，GPS 都不适用。所以，对于高速行驶并且定位精度要求很高的无人车来说，单纯依靠 GPS 进行定位是远远不够的。

惯性测量单元的主要组成是加速度计和陀螺仪，如图 10 - 6 所示，能够对各类速度信息进行测量。

▶ 图 10 - 6 加速度计和陀螺仪

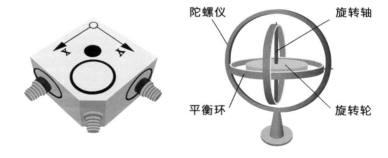

惯性测量单元更新速度很快，结合车辆的运动学模型可以在短时间内获取厘米级的精度，但是定位的误差会随着时间的增加而增大，因此不适用于长时间的定位。惯性测量单元结合 GPS 进行定位，可以结合两者优点，解决 GPS 精度不足和更新速度慢的问题，但是依旧不适合所有无人驾驶场景的精

准定位。

激光雷达可以获取车身周围的环境信息，经过处理之后可以与高精地图上的环境信息匹配来获取车辆相对于地图的位置。基于激光雷达匹配的定位方法的精度也可以达到厘米级。

实际上，在无人车定位时，会结合这几种方法取长补短，构建一个动态的定位系统。由惯性测量单元测量运动过程中的信息，GPS 以及激光雷达匹配测量观测过程的信息，通过不断重复运动过程和观测过程来实现无人车实时高精度的定位。

议一议

结合前面学习的无人车上的传感器、高精度地图以及对定位的了解，与同学们讨论：如何制订一个更好的无人车定位方案。

想一想

请同学们想一想：如何结合定位算法，让小车更精确地走到一个指定的位置。

试一试

登录实验平台，编写程序，对小车的行驶进行优化，保障小车能够稳定行驶固定距离，体验完整的小车定位算法。

评一评

　　我知道了无人车定位对于保障无人车安全行驶的重要意义。☆☆☆☆☆

　　我能够简单复述无人车定位的方法与过程。☆☆☆☆☆

无人驾驶路径规划

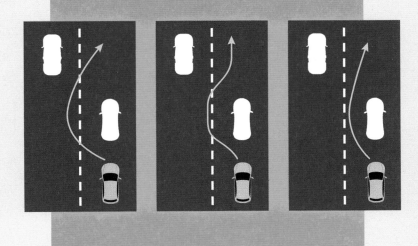

1. 理解路径规划问题的定义；

2. 知道如何根据路径进行车辆控制。

11.1 常规路径规划

传统驾驶中，驾驶员通常使用导航软件对起点到终点的路线进行规划，然后在多条规划的行驶路线中选择一条，比如"距离最短"或者"避免拥堵"等，如图 11 –1 所示。

▶ 图 11-1　选择行驶路线

议一议

　　如图 11-2 所示，展示了一个网格地图，行人只能沿着图中的线段行走。请同学们讨论：如果一个人要从 A 点前往 B 点，可以选择什么样的路线。

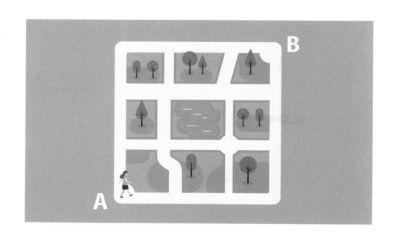

▶ 图 11-2　A 点到 B 点的地图

　　不难发现，这个问题中，有多个路线可以选择，如图 11-3 所示，展示了从 A 点到达 B 点的两种不同路径。这两种不同的走法对应了路径规划的

两个不同结果。比如，路线 2 中仅仅需要经过 4 个
路口，而路线 1 中需要经过 5 个路口。

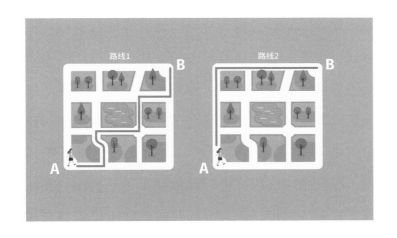

◄ 图 11-3 从 A 点到 B
点的两种不同路径

假设因为修路，从 A 点到 B 点之间有一些路段
不通，如图 11-4 所示，试着规划几条新路线。

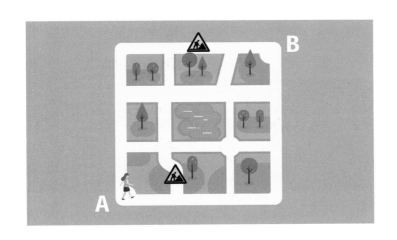

◄ 图 11-4 修路影响部
分路段通行

当遇到一些道路不通的情况，从 A 点走到 B 点
并得出一系列方案，这就是路径规划的真实应用。
我们可以简单地把路径规划理解为制定从起点到终

点的一系列路线。

11.2 无人驾驶路径规划

无人车路径规划和常见的地图导航有着显著的不同。普通的地图导航解决的是从出发点到终点道路层面的路径规划问题。无人车的路径规划除了解决从出发点到终点的路线问题，还需要根据实时路况信息进行实时路径规划。比如前方有车行驶缓慢，根据感知信息，进行变道超车等。因此，在做路径规划的时候，无人车的控制系统不仅需要考虑高精度地图中的信息，还需要考虑道路上实时的交通状况，如图 11 - 5 所示。

► 图 11 - 5 根据行驶环境进行路径规划

在无人车的路径规划中，除了考虑地图、道路、交通状况等客观因素，还需要考虑乘车人的主观感受，例如无人驾驶是否如同人类驾驶员一样驾驶平稳。驾驶时，需要选取一条最合适的路径行驶。人类驾驶员很容易就能评价一条路径选择的好坏，但是无人车如何评价规划出多条路径呢？如图11-6所示，A、B、C三种路线都可以实现超过前车的目的，那么无人车应该选择哪种呢？

◀ 图 11-6 超车路径规划

传统的做法是考虑规划出来的路径的一些属性，比如路径曲线是否平滑、沿路径曲线上的车辆速度是否发生突变等。随着技术的发展，也可以尝试使用机器学习的方法。

试一试

登录实验平台，编写程序，为小车的出行进行路径规划。

想一想

行驶中规划的路径，通常会包含一些核心位置坐标，这些核心坐标通常是需要经过的路口，如图11-7

所示。请同学们想一想：如何利用路径规划中反馈的这些点，来完成从 A 点到 B 点的行驶。

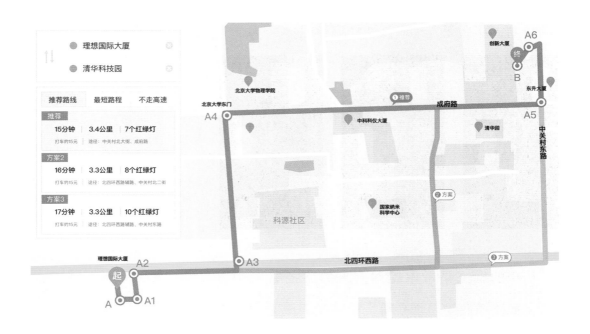

▲ 图 11-7 规划路径中的关键地点

路径规划中反馈的这些点是依次相邻的路口，即将到达 A1 点时，需要判断下一个点（即 A2 点）与 A1 点的位置关系，从而决定在 A1 点所处的路口时，车应该往什么方位行驶，具体的控制流程如图 11-8 所示。

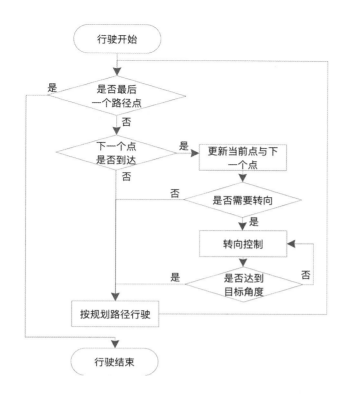

◀ 图 11 - 8　路径规划中每个路口的控制流程

　　这是路径规划和控制相结合的例子，通过路径规划得到一条可行驶的路线，然后控制小车沿着这条路线行驶。当然，真实的无人驾驶的控制要更复杂，真实的无人驾驶的地图也并不是如此简单，而是精确到厘米级的连续点。真实的无人车也不能在原地旋转 90 度，转弯时需要更平滑的方式，这就需要结合车辆的物理模型完成更精细的控制。

议一议

　　请同学们讨论：真实环境下的无人驾驶，可能还面临着哪些实际的技术问题。

我理解路径规划问题的定义。☆☆☆☆☆

我知道了如何根据路径进行车辆控制。☆☆☆
☆☆

—第十二节—

无人驾驶决策

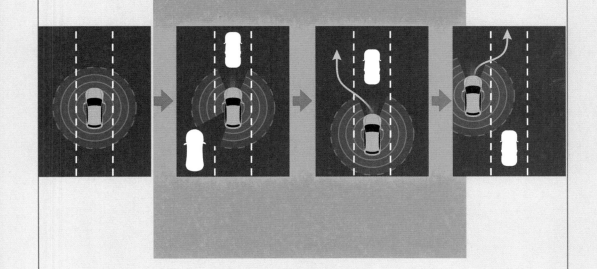

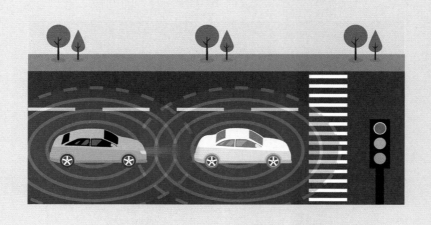

1. 了解在无人驾驶中决策的重要性；

2. 能够综合多方信息完成简单的决策。

向左！向左！

速度慢一点！小心！

拐弯，拐大一点，哎呀，撞上去了。

哈哈，你要时刻判断路线还得协调控制。

哎呀，好险呀！

好！

这卡丁车真不太好控制！

看来我还要多加练习啊！

12.1　驾驶中的决策

做一做

三人一组完成口令控制课堂小游戏，游戏中包含一个场地，场地中某些位置存在障碍物，场地对应的地图，如图 12 –1 所示。

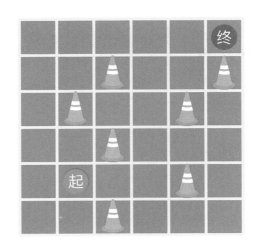

▶ 图 12 - 1　游戏场地障碍地图

游戏规则：

同学 A 身处场地中的红色格子处，同学 A 根据同学 B 的口令，完成前、后、左、右四个方向的移动，每次移动一个格子。

同学 B 看不到场地，也没有场地的地图，但是同学 B 可以让同学 C 来观看场地。

同学 C 可以看到场地中的障碍物和场地中同学 A 的位置，但是同学 C 只能回答同学 B 询问的问题，比如同学 B 问同学 C "同学 A 的右方是否有障碍"，那么同学 C 只能反馈同学 A 的右方是否有障碍这一个问题。

同学 B 根据同学 C 的反馈，向同学 A 传达指令，告诉同学 A 下一步的移动方向。

同学 A 到达蓝色三角处，游戏结束。

请同学们想一想：A、B、C 三位同学分别相当于无人车中的什么功能。

通过分析可以发现，同学 B 相当于无人车中的决策模块，决定着下一步如何行走。而驾驶车辆在实际道路行驶时，除了进行类似游戏中的障碍判断，还需要做出超车、等待行人、等待红绿灯等决策指令。比如遇到路口时，需要判断信号灯的状态再决定下一步如何行驶；行驶前方出现行人或者其他车辆时，需要快速判断行人或者车辆的运动意图，然后决定是继续前行、减慢车速还是紧急刹车。如图 12 - 2 所示，这些情况都是驾驶中需要驾驶员完成决策的场景。

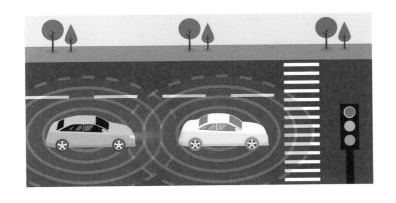

◀ 图 12 - 2　驾驶中需要决策的场景

12.2　无人驾驶中的决策

当无人车代替驾驶员在路上行驶时，需要无人车能够应对道路上可能出现的所有情况，并在这些情况下完成决策。因此，决策模块相当于无人驾驶的"大脑"。

比如，无人车行驶到十字路口，可能会碰到"红绿灯"，那么此时无人车就需要根据感知的信息与规划的行驶路径进行决策。最简单的规则是"红灯停、绿灯行"，根据这个规则与感知的信息实现决策的流程如图 12 – 3 所示。

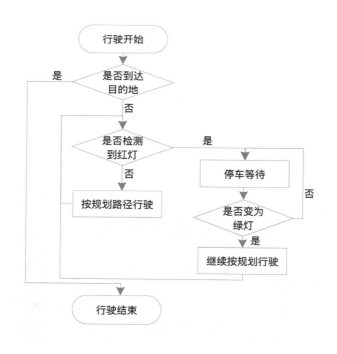

▶　图 12 –3　红绿灯感知决策流程

登录实验平台，编写程序，控制虚拟无人车完成正常行驶，让小车在遇到红绿灯时能够根据交通规则完成决策，做到"红灯停、绿灯行"。

车辆在行驶过程中包含多类需要决策的场景，如图 12 - 4 所示，展示了无人车在行驶过程中遇到前车行驶缓慢时变道超车的场景，此时无人车需要根据雷达传感器感知的数据以及高精度地图中的信息来实现综合决策，完成行驶中的超车路径规划与车辆控制。

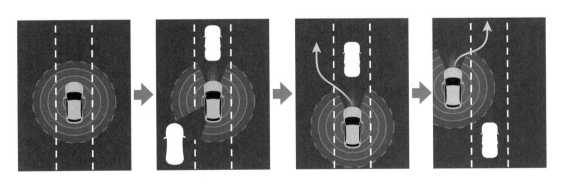

▲ 图 12 - 4 **变道超车决策与控制过程**

真正驾驶时，遇到的情况往往更为复杂。例如，车辆经过十字路口时，驾驶员需要考虑红绿灯的变化，是否存在障碍，是否存在特殊的交通规则等。所以，驾驶过程中的决策是一个复杂问题。

人类驾驶员面对这类问题时，可以根据驾驶经验完成驾驶。无人车也可以不断学习行驶过程中的经验，来逐渐替代人类驾驶员完成复杂驾驶决策，从而变得更加智能。实际上，目前无人车进行决策时的规则大多还是人为指定的，但是研究人员正在逐步探索使用强化学习的方法让无人车自己进行决策。

无人驾驶的决策部分就是让无人车在不同的驾驶状态下进行合理的切换，何时进行切换由无人车感知的信息与高精度地图中的数据综合决定，最后无人车完成决策实现车辆的精准控制。

评一评

我了解了无人驾驶中决策的重要性。☆ ☆ ☆ ☆ ☆

我能够综合多方信息完成简单的决策。☆ ☆ ☆ ☆ ☆

图书在版编目（CIP）数据

人工智能启蒙. 第五册 / 林达华, 顾建军主编. — 北京：商务印书馆, 2019

ISBN 978－7－100－17752－8

Ⅰ. ①人… Ⅱ. ①林… ②顾… Ⅲ. ①人工智能 —基本知识 Ⅳ. ①TP18

中国版本图书馆 CIP 数据核字（2019）第176900号

人 工 智 能 启 蒙

（第五册）

林达华　顾建军　主编

商 务 印 书 馆 出 版
（北京王府井大街36号　邮政编码 100710）
商 务 印 书 馆 发 行
山西人民印刷有限责任公司印刷
ISBN　978－7－100－17752－8

2020年9月第1版　　　开本 787×1092　1/16
2020年9月第1次印刷　　印张 8½
定价：23.00元